你可能有個疑問：
這是一本什麼書？

在本書一開始，
我們來討論一個
禮貌又不失尷尬的問題：

在某個瞬間，
後悔養了貓？

平心而論，就算是
最淡定、**最老牌的貓奴，**
也可能偶爾在腦海裡
蹦出這句話——

這貓，
我不想要了！

比如——

當牠
一掌幫你快速解決
整瓶青春露時；

瞬間2

當牠
兩個爪子抓花
你的限量版球鞋時；

（還好我沒錢買限量版球鞋。）

瞬間3

當牠
半夜尿濕你的
最後一套床單時；

瞬間4

當你
用心伺候主子，
卻被牠“家暴”時；

瞬間5

當牠將你的電腦
一鍵關機，
讓你熬了72小時寫的企劃案
瞬間消失時。

諸如此類，是不是都讓你哭著大喊——

養了貓，我就後悔了

有毛UMao團隊 編
李小孩儿 繪

主要角色介紹

李小孩儿

一個有社交恐懼症的“鏟屎官”，喜歡世界上所有貓科動物，重度“貓奴”患者。雖然養貓有一段時間了，但還是會遇到各種問題。

毛毛

一隻混血乳牛貓（黑白貓），男孩子，2 歲，是隻精力旺盛的好動貓，傲嬌又黏人，從來不會“喵喵”叫，經常欺負人類鏟屎官。

乾飯寶

短毛小橘貓，男孩子，是毛毛的好朋友。

趙大童

李小孩儿的朋友，十年老“貓奴”，美食愛好者，是李小孩儿的貓咪健康顧問。

小葵

趙大童的貓咪之一，是一隻體重曾達到 9.5 公斤的大號橘貓，也是男孩子，最喜歡的是“吃吃吃”。

酸奶

趙大童的另一隻貓咪，長毛白貓小公主，甜美又傲嬌。

目錄

Chapter 01

養了貓，才知道你是這樣的小貓咪

Chapter 02

養了貓，我竟然變成這樣了

Chapter 03

養了貓，才發現我們其實不懂貓

Chapter

01

養了貓，才知道你是這樣的小貓咪

01 小貓咪為什麼總是如此“爪賤”？

今天李小孩儿想知道，是不是每一隻小貓咪的爪子都那麼“不安分”？

無論是小瓶蓋，

還是“Apple手機”，

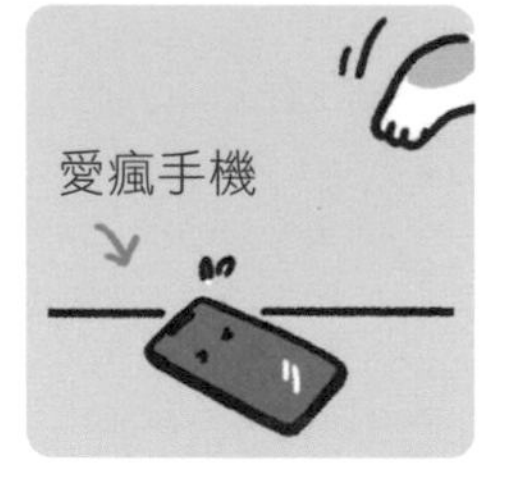

或是口紅，

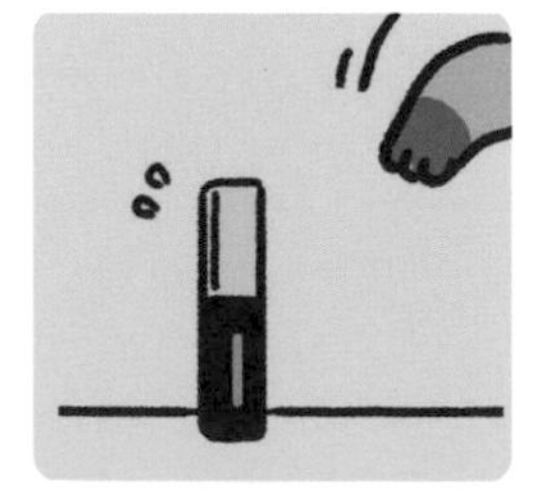

只要看到，
就要**推倒它**！

牠還帶著那麼點“霸道”個性，
尤其不會放過
那些落單的小可憐。

小貓咪
為什麼總是如此“爪賤”呢？

這可能是因為
牠的狩獵本能在作祟！

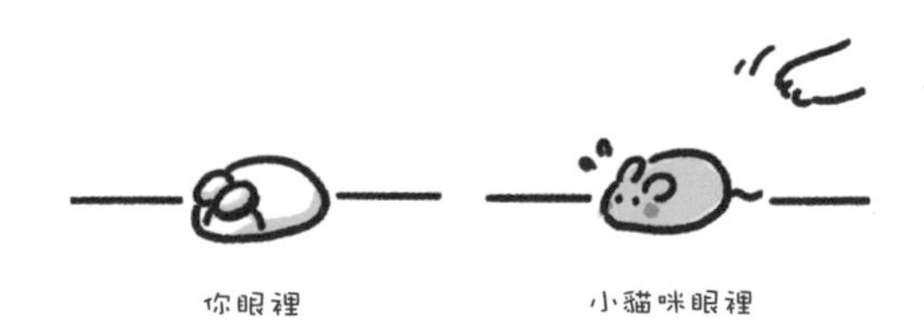

牠幻想自己的"主動"能引起刺激，
最好來一場追逐賽。

當然，
結局註定落寞。

有什麼……

奇妙的事情發生？

結果當然是……

什麼也沒發生。

這也有可能是因為
小貓咪的好奇心！

碰碰它，甚至把它碰掉看看……

會不會……

這還可能是因為
牠想引起鏟屎官的注意！

比如這樣……

這一招
往往能得到不錯的回應呢！

追根究柢，
也許還是因為小貓咪
太無聊了。

但是，
還有一種可能：
也許在另一個次元，
在人類看不到的世界裡，
發生了這樣的事情呢……

所以，
你家的小貓咪為什麼“爪賤”，
現在你知道了嗎？

02

小貓咪為什麼總打擾人類做正事？

你有沒有這樣的困擾：
小貓咪總是會在一些
很重要、很嚴肅的時刻……

比如，
你工作時……

再比如，
你打電話時……

再再比如，
你開視訊會議時……

總之，越忙的時候，
小貓咪越會“及時”出現，
出爪干擾，
絲毫不為主人著想。

但當我們真的閒下來時，
牠們卻……

判若兩貓。

你也許很想問，
小貓咪難道是故意的？

其實，這可能是由於
你眼裡的自己，
和小貓咪眼裡的你不一樣。

在你看來，
你可能正在“忙著”……

但在小貓咪看來，

此時的你，
既沒有外出打獵，
在家也
完全沒做什麼事！

小貓咪眼中的工作是——

捕獵，

“嗯嗯” ing…

而你只是——

懶懶散散、
什麼事也沒做
在那裡坐著而已。

＊小貓咪眼中在工作的你

完全是閒著沒事嘛！

而且，
你覺得自己只忙了一陣子，
殊不知小貓咪已經等了
很久很久了……

＊承認吧，你有時是在追劇，不是在工作

在小貓咪看來，
你好不容易在家又**"閒著沒事"**，
為什麼就不能……

"理喵一下呢？"

小貓咪也是很孤獨的啊！

所以，李小孩兒在此呼籲：
無論你是在工作、追劇，
還是在做什麼其他重要的事，

最好每隔一陣子，
就和小貓咪來點互動。

這耽誤不了你幾分鐘的！
但是，
為什麼我閒下來找貓玩的時候，

呃……
確實很忙。

03

原來你是對體重沒概念的小貓咪

“喵星人”是不是覺得
自己始終都是個寶寶？

覺得自己
永遠幼小、永遠瘦弱，

不然牠怎麼會
對自己的體重
一點概念都沒有呢？

你也遇過
這些情況吧：

睡著睡著，
突然就無法呼吸了；

再小的盒子，
牠也認為能裝下自己；

下樓或下床的時候，
會發出“ㄉㄨㄞ ㄉㄨㄞ”的聲音，

讓人心驚肉跳；

在家奔跑的時候，
晃動的肚子還算賞心悅目，

但當牠踩到你的時候就……

明明是隻肥貓，
卻總有一種**自己是寶寶**的錯覺。

我們看到的毛毛

毛毛心中的自己

但牠跳下來的時候，
身為肉墊的鏟屎官在哭泣。

壓壞家具也不再是
一種誇張的表達方法了，

而！是！事！實！

所以，
小貓咪知道自己
是肥嘟嘟的嗎？

看牠們**吃飯的架勢，**
應該是不知道的。

這可能也是因為，
在小貓咪的世界裡
沒有"胖子"。

"貓奴"最喜歡
胖嘟嘟的小貓咪了。

但肥胖確實不是一件好事，
它會帶來很多健康問題，比如：

所以，
小貓咪還是
不要太胖啊！

但我覺得，
小貓咪在有些時候
應該是有點自知之明的：

比如，
爬進**貓砂盆**都有點吃力的時候；

注意：胖貓和老貓最好不要使用這種貓砂盆！

比如，嘗試過無數次，
最後終於艱難地跳上窗台的時候；

還有再也無法被
舒服地抱抱的時候……

小貓咪也許不明白為什麼，
也一定很納悶：
我還是不是你
弱小、可憐、無助又瘦弱的寶寶呢？

但最終，
這一定又會變成鏟屎官的錯。

小胖貓還是先睡一覺起來，
吃飽飽再說吧！

04

上廁所這件事，必須要有儀式感

身為一隻可愛的小貓咪，
生活必須要有儀式感。

特別是
上廁所這件事，

一點都不能馬虎！
每個細節都要**“非常完美”**。

你家是不是也有
一樣的小貓咪？

一次完美的如廁，
從**“卸貨”**開始。

對小貓咪來說，最好的時機就是……

鏟屎官剛剛**把屎鏟完**，
把**貓砂鋪平**的那一刻……

鏟屎官**正在“用餐”**，
準備咬下雞腿的那一刻……

0.0000001 秒後

又是熟悉的味道！

知識點②

鏟屎官**躺平了**，
就要進入夢鄉的那一刻……

衝呀！

0.0000001 秒後

知識點③

小貓咪們除了上廁所很準時外，
“卸貨”的姿勢也要
可愛爆擊！
花式如廁有聽過嗎？

一般小貓咪上廁所，
規規矩矩。

浮誇小貓咪上廁所，
為大家表演
高難度劈腿動作！

呆萌小貓咪上廁所，
呃……

就不能好好上廁所嗎？

知識點④

"卸貨"完畢，
接下來當然是最重要的——
儀式感埋便便時間！

眾所周知，埋便便的技術含量極高！
所以只有少數正規**"埋便便職業學校"**的
資優喵掌握了此項技能！

更多的小貓咪是
低空飛過的一般生！

但不管小貓咪們技術如何，
氛圍都營造得很好。

牠們抓
貓砂盆，

抓抓牆壁，

抓空氣，

一套動作下來，
儀式感滿滿。

實際上，
埋的是"寂寞"。

更有些小貓咪，**連儀式都不需要，**
只需要一個華麗的轉身。

這種事自然會有其他小貓咪或
身份地位更低的成員代勞。

埋是不可能埋的，我這輩
子都不會埋的。
——毛毛金句

儀式的最後，當然要來個**完美的收尾**。
那就是——

繞場狂奔 3 圈半！
因為太舒服！太舒服了呀！！

最後的最後，
有些特別嬌貴的小貓咪，
會進行舔屁屁環節。
而某些小貓咪……

也會找到自己的**解決辦法！**

劃重點！
雖然小貓咪如廁的習慣
經常**讓鏟屎官陷入崩潰**。

但這全部都是為了體現
鏟屎官存在的意義呀！
小貓咪如果都做好好的，還會需要你嗎？

知識點①

問：為什麼小貓咪這麼喜歡用乾淨的貓砂？

答：當然是因為愛乾淨，腳的觸感好啦！

知識點②

問：為什麼小貓咪喜歡在鏟屎官吃飯的時候上廁所？

答：原因不明，可能是因為在鏟屎官吃飯的時候上廁所，鏟屎官總能用最快的速度把便便收走，效率比較高吧。

知識點③

問：為什麼小貓咪喜歡半夜上廁所？

答：夜晚對人類來說是躺平的時刻，對小貓咪來說卻是正準備要“蹦蹦跳跳”的時間，當然要先上廁所啦。

知識點④

問：為什麼有些小貓咪上廁所的姿勢那麼奇怪？

答：除了可能是“個貓癖好”外，最有可能是因為牠對貓砂的腳感不滿意、或貓砂盆太髒了。至於便便在貓砂盆外的情況，很明顯是貓砂盆太小了，請換個大的！（大於貓咪體積的1.5倍。）

知識點⑤

問：為什麼有些小貓咪不會埋便便？

答：埋便便技能是真的需要從貓媽媽或兄弟姐妹那裡學習的。有些小貓咪過早離開了媽媽和兄弟姐妹，沒有學過這項技能，但受本能驅使，總覺得該抓點什麼…反正該做的都做了，結果就聽天由命吧……

知識點⑥

問：為什麼有些小貓咪會讓別的貓／人代替自己來埋便便？

答：貓行為學專家們認為，小貓咪掩埋糞便主要是為了隱藏自己的氣味，以免被捕食者發現，在安全感較高的地方則不需要這樣做，所以家貓也會有不埋便便的行為。還有些貓群中的領袖也不會埋，而是讓“小弟們”代勞。是的，就是你！

知識點⑦

問：如果小貓咪頻繁發生便便黏在屁股上，鏟屎官應該怎麼辦？

答：鏟屎官要先排查小貓咪是否有消化問題。如果小貓咪出現把屁股蹭著地板走的行為，也有可能是肛門腺出了問題，需要清理或尋求醫生的幫助。

05

如果鏟屎官突然“掛了”，小貓咪會怎麼做？

鏟屎官大概是全世界
最讓小貓咪操心的生物，
沒有之一。

而且他們總喜歡做出一些“迷惑行為”，
比如：

裝死給小貓咪看。

然而，
小貓咪的反應，
往往和鏟屎官期待的不太一樣。

有些小貓咪
處變不驚。

有些小貓咪
無動於衷。

有些小貓咪
暗中觀察，

並在**危險的邊緣**試探。

有的小貓咪
找到了一片新天地。

有的小貓咪
完全視若無睹。

體重過重或表演欲過強的鏟屎官請不要進行裝死遊戲。

結果會令人心碎，
難道
這麼多年的感情是一場空嗎？

其實，
這主要是因為你們
太小看小貓咪了！

小貓咪能從你的**氣息**、**心跳**和**體溫**變化，
清楚地知道你是不是真的**“掛了”**，
所以假裝也沒用。

小貓咪的聽覺、嗅覺、感知能力都超強。

但這不代表牠真的不擔心你，

如果你裝死的時間太久，
小貓咪可能會**走過去看看你**，

也會擔心
你為什麼**這麼久**還不起來。

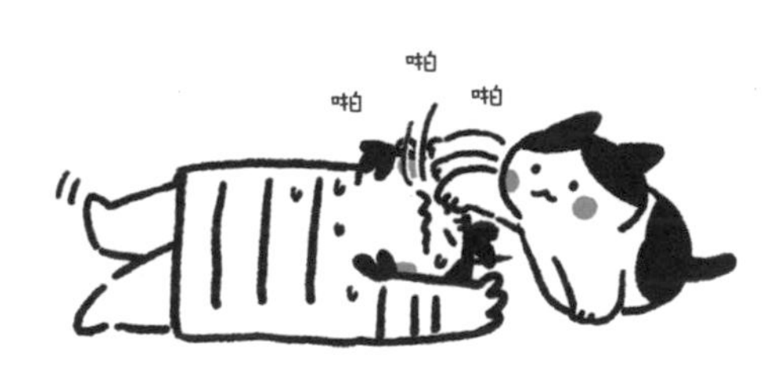

然而就算發現有異常，
牠們也什麼都做不了。

牠們只能
默默在旁邊**守著你**、**陪著你**。

或者認真思考：
既然鏟屎官不能用了，
那麼什麼時候可以吃飯呢？

這種時候你就會發現，
原來——

這個遊戲一點也不好玩！

如果你叫小貓咪時牠沒反應，99% 是因為…

貓可以聽見頻率為
45Hz~64000Hz
的聲音，

貓的聽力範圍是人類
聽力範圍的 **3** 倍！

貓的耳朵擁有
32 塊肌肉，

可以 180° 旋轉定位聲源。

貓的耳廓
還有獨特的附加設備，

貓耳上的這個結構可以增強對高頻聲音的接受力，被稱為"亨利的口袋"。

貓可以聽見
20 公尺外一隻小**老鼠**的低語。

有一個**實驗證明**，
貓能**認出主人**的聲音。

所以，
當你**深情地呼喚牠時**，

牠**能聽**見，可以**準確定位**
聲源，**也知道是誰在叫牠**。

貓只是發自內心地——
懶得理你！

經科學研究，關於小貓咪有時不回應人類的呼喚的原因，可能還有以下幾點。

1. 在野外，貓隨意回應容易暴露自己的位置，很危險，所以一般選擇不回應。

2. 貓知道你發出了聲音，但不知道你想要牠做什麼，所以決定先觀察觀察再說。

3. 貓是“機會主義者”，覺得叫名字沒什麼好事就沒必要回應。但牠們聽到開罐頭的聲音往往反應激烈，所以你可以把“叫名字”和“好吃的”聯繫起來試試。

4. 貓已經用尾巴回應了。貓的尾巴尖輕輕地抖動，就表示“聽見了，聽見了”。

07

小貓咪會嫌棄鏟屎官長得“醜”嗎？

不少鏟屎官發現，
自家的小貓咪怎麼擼都行，
就是不喜歡——
被親親！

這不僅是因為
嘴對嘴親親
不是小貓咪表達愛意的方式。

蹭蹭、舔舔、抱抱才是。

也不僅是因為
被抱起來親親
讓小貓咪感覺不安全。

姿勢被控制、兩腳懸空，這些都讓小貓咪不安。

還是因為……

某天鏟屎官心情大好，

於是化了個**美美的妝**，

噴上最喜歡的香水，

散髮著獨特的魅力
和
自信的光輝，

抓住小貓咪想給牠一個
愛的親親時，

也許牠眼裡的你，
是──

這…

樣的！

現在你知道，

小貓咪為什麼
不喜歡你的親親了吧？

不過，小貓咪
會嫌棄鏟屎官長得"醜"嗎？

想知道答案，
先要了解
牠們眼中的世界是什麼樣子。

首先，
小貓咪的眼睛很大，
眼球的大小幾乎和人類一樣。

人類的眼睛和臉的比例如果像小貓咪一樣，
就變成戰鬥天使艾莉塔了。

小貓咪的視野比人類寬闊，
因此更容易發現獵物。

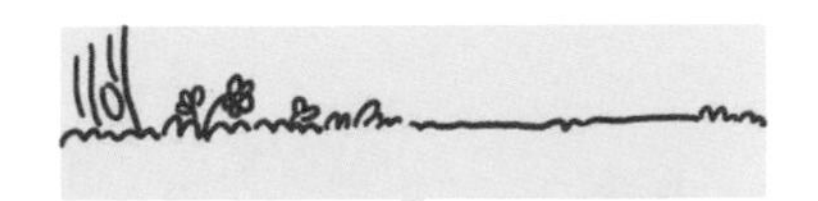

人類的視野 180°

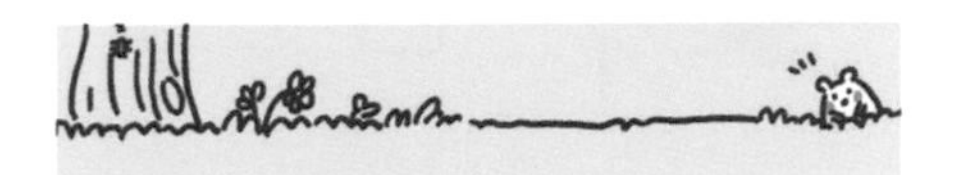

小貓咪的視野 200°

小貓咪的瞳孔可以放大到
人類的 3 倍，
能最大限度地捕捉光線。

牠們的視網膜下還覆蓋著
一個光線反射層，
能讓牠們在黑暗的環境中
提高 40% 的敏感度。

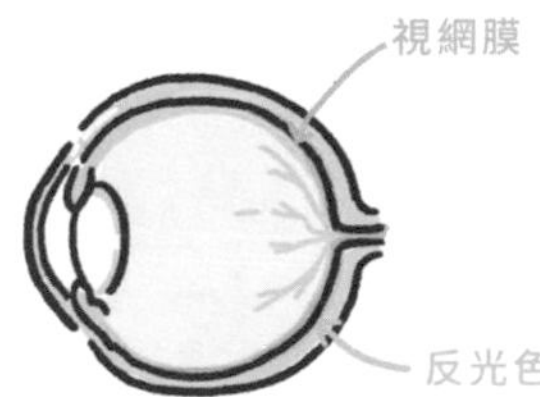

反光色素層會把捕捉到的光線再次反射進眼球，
以獲取更多的訊息。

這也是小貓咪的眼睛在夜晚會變成
“雷射眼”的原因。

因此，
即使在很微弱的光線下，
小貓咪也能看得清清楚楚。

不過，牠們的視力非常普通，
太近或太遠的事物都看不清楚。

而且科學家發現，
野貓中患有**遠視**的比較多，
家貓則大多患有**近視**。

不過，
小貓咪對移動的物體
非常敏感。

另外，
小貓咪對顏色好像不太感興趣，
似乎只能分辨出

黃色　和　藍色。

紅色在小貓咪的眼裡
只是不同色階的灰色。

所以，
牠們對口紅色號的敏感度
和一些男生差不多。

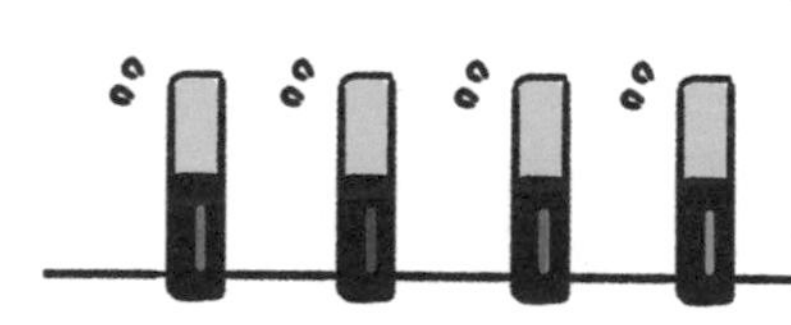

人們還發現，
小貓咪能清楚分辨同類的臉孔，
但人臉識別能力卻差得離譜。

小貓咪對同類臉孔的辨識度超過90%，

對人類面孔的辨識度只有50%，基本上等於隨機瞎猜。

綜上所述，
只要你站得很近或較遠，
並保持靜止，

小貓咪會依靠嗅覺、聽覺綜合判斷，認出你。

小貓咪是不會嫌棄
你“醜”的。
因為，
牠們根本
看不清楚。

而且就算看清楚了，
牠們也
完全不在乎你的長相。

08 小貓咪不理你？傳授你 7 個神祕召喚術

有時候，養貓很讓人苦惱。

小貓咪明明在家，
卻好像消失了一樣。
對你的召喚，

完全沒有反應。

李小孩儿才不會告訴你，
其實是因為你的**召喚咒語**念得不對！

今天就來傳授大家
7 個神祕召喚術！
只要做對了，
小貓咪就會立馬
出現在**你的面前**喲！

集滿 7 個召喚術，
說不定還有驚喜！

1 號 "馬桶" 召喚術

進入廁所，坐上馬桶；
將門虛掩，效果更佳。

如假包換的**"陪廁貓"**
很快就會到達！

2 號 "利用其他小貓咪"召喚術

小貓咪也會**嫉妒**和**爭寵**，
因此當牠發現你擼別的小貓咪不擼牠時，
可能會默默地靠過來。

這時如果牠沒有馬上過來，
你可以……

放一段**其他小貓咪**的影片或聲音，
牠很可能就會馬上跑過來喲！

注意不要傷及無辜…

3 號 "工作"召喚術

你只要打開電腦，
擺出要**工作**的姿勢，

你的小可愛就會
馬上出現！

4號 "嘶嘶沙沙"召喚術

拿出一個塑膠袋或紙袋，

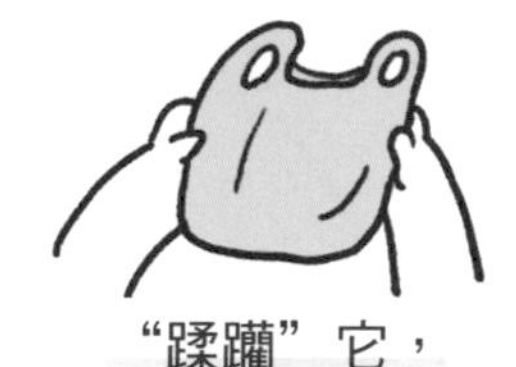

"蹂躪"它，
讓它發出"嘶嘶沙沙"的聲音。

召喚完成

5號 "一位怕貓的朋友"召喚術

當你請一位對貓"**沒興趣**"
甚至**有點怕貓**的朋友來做客。

你會發現，
冷淡的小貓咪
突然就熱情了起來……

6號 "溫暖"召喚術

想辦法讓自己變成
"**人肉暖暖包**"，

就能輕而易舉地得到小貓咪的"寵幸"。

此方法在**冬天**尤為有效，
成功率超過 **80%**，
但是一到**夏天**就不靈了。
好在我們還有最後一招！

7號
"史上最強"召喚術

此招不靈，"毛毛"倒著寫。

那就是
貓咪召喚術的殺手鐧，

你要做的只是讓罐頭
發出**一點點聲音**，

就能擄獲整屋子
貓咪的心！

如果小貓咪們沒反應，
還可以用"加強咒"，
打開罐頭，讓香氣四溢。

召喚成功率能提升到
100%！

知識點①

小貓咪“陪廁”，可能是源於好奇心，或許牠認為你正背著牠偷吃好東西…

知識點②

當你準備要認真工作時，在小貓咪眼裡就是“什麼也沒做、可以玩”的狀態。

知識點③

很多小貓咪對“嘶沙”的聲音十分著迷，據說是因為這種聲音和鳥類拍動翅膀的聲音類似。

知識點④

怕貓的人類不敢和貓對視，這反而會讓貓感到安心。因為對貓而言，來自陌生動物的對視往往是挑釁的信號。

09 擁有一隻“高 EQ”的小貓咪，是什麼樣的體驗？

雖然作為鏟屎官，
每天接受**心靈的暴擊**
不是什麼新鮮事。

但總有些小貓咪會用牠們
“高 EQ”的行為，
讓我們感受到

“傷害不大，
侮辱性極強”
的快樂。

快來看看，
你家也有這樣的
“高 EQ”的小貓咪嗎？

關於晨喚

如何在凌晨 4 點叫醒鏟屎官？

乾飯寶
（菜鳥小貓咪）

毛毛
（資深老鳥）

低 EQ 小貓咪

用聲音叫主人起床

高 EQ 小貓咪

用體重叫主人起床

關於陪玩

如何讓人類一秒開啟陪玩功能？

低 EQ 小貓咪

動之以情

翻譯：親愛的人類，你願意陪你可愛的小貓咪玩一下嗎？

高 EQ 小貓咪

曉之以理

翻譯：你今日的工作時間 30 分鐘已達標（其實不到 5 分鐘），建議站起來活動一下！

知識點①

對食物不滿

這款貓糧太難吃了，趕快給我換掉！

低 EQ 小貓咪

絕食抗議

高 EQ 小貓咪

埋便便伺候

知識點②

極度排斥貓砂

打死本喵也不想用這款貓砂！

低 EQ 小貓咪

亂尿警告

高 EQ 小貓咪

自己解決

嫌棄鏟屎官的顏值

說真的，實在搞不懂人類有什麼顏值

低 EQ 小貓咪

生理“排斥”

高 EQ 小貓咪

心理侮辱

穩固家庭地位

你只需要把牠們帶回家，剩下的…

低 EQ 小貓咪

搞定鏟屎官

高 EQ 小貓咪

搞定他 / 她的家人

當然，所謂低、高 EQ，純屬鏟屎官的娛樂，不要當真。

所以，
低 EQ 的小貓咪和**高 EQ** 的小貓咪，
你會選哪款呢？
其實，管它 EQ 高低，有貓就好！

低 EQ 小貓咪

小孩子才做選擇，
成年人兩種都要！

高 EQ 小貓咪

鏟屎官是貓的財產，
沒有選擇權！

知識點①

有些小貓咪真的會用“不讓你工作”的方式來吸引主人的注意，對牠們來說，主人追牠們也是一種陪玩方式……

知識點②

小貓咪對食物做埋便便的動作，除了是因為不喜歡這種味道，也有可能是牠們想把食物藏起來，留著下次吃。

10 一隻小貓咪的變化能有多大

世界上速度最快的，
除了光，

c=299792458m/s

和我帳戶裡的**存款**，

我連影子都沒看到，
它們就消失了。

就是
小貓咪的青春了。

以前的毛毛

幾乎是一眨眼的工夫，
我們的**小貓咪**就——

現在的毛毛

"咻"一聲就長大了。

是的，本節我們要來聊聊

一隻小貓咪的變化。

在和**鏟屎官**相處的日子裡，
小貓咪們各有各的**變化**，
有的**"一毛一樣"**，
有的**"判若兩喵"**，

毫無規則可循。

有的小貓咪
小時候就超級可愛，

長大後更是

超級可愛
的放大版。

有的小貓咪
本來**楚楚可憐**，

最終卻成功“逆襲”，

胖若兩貓，
每一粒吃進肚子裡的**“飼料”**都確實吸收。

而有的小貓咪
看起來是可愛貓仔，

沒想到快速發育成了——

真“庸俗大貓”，
連氣質都變了。

而說到**外表的變化**，
所有的小貓咪恐怕都比不上暹羅貓。

剛“出道”時**白白嫩嫩**，

然而一個冬天就——

變身“黑巧克力”了，
連親生媽媽都認不出來了！

外表的**變化**只是其中之一。

有很多小貓咪
雖然**外表**有了**變化**，
靈魂卻和小時候“一毛一樣”。

比如小時候要陪睡，

長大後還要陪睡；

從前最愛紙箱，

現在依然對它**不離不棄**；

從前喜歡在人身上踩踏，

現在變重了還是踩踏。

當然，

也有些小貓咪，

年紀輕輕就過著**"中老年"**生活。

以前玩逗貓棒，

現在玩逗貓棒……

令鏟屎官懷疑，自己逗的不是貓，

而是"寂寞"。

從前扒飯，

現在挑食，

飯還是一樣的飯，但小貓咪不一樣了。

更過分的是，
以前埋便便

現在……

所以，
你家小貓咪的變化是哪一種呢？

其實，
無論是哪種，
總會讓鏟屎官忍不住感嘆：

小貓咪長得太快了！

第一次的抱抱

而一隻小貓咪，
無論是從“萌懂”小奶貓到中年大貓，
還是從翩翩少年到垂垂老者，
有一樣是不會變的，
那就是——

現在的抱抱

對我們沉甸甸的愛。

就這樣說定了，小貓咪，
無論你怎麼變，我們都不要分開喔！

“渣貓”測試，看看你的小貓咪是幾級

這次，
我們來聊聊喵星人中最龐大的群體——

“渣貓”。

高戰鬥力生物，
擁有超強的破壞力和打擊心靈能力，
是極具“毀滅性”的存在。

而且存在範圍之廣、數量之大，
絕對超乎你的想像。

據觀察，所有家庭中的喵星人
都存在不同等級的“渣”屬性。

不信？
本節李小孩儿整理出了一份——

渣貓等級排行榜

1 級渣貓
惹怒你就很開心，
總喜歡搞點破壞吸引你注意的——
“小賤貓”。

比如：

……

MAO 言：別生氣嘛，
我又沒做什麼過分的事。

以下是鏟屎官們在網路上的控訴：

看到什麼就推什麼，“啪”“噹”“嘩啦嘩啦”，聽到聲音才心滿意足。

如果你看到牠正預謀搞破壞，怒視牠時，牠會在停頓一秒後，盯著你的雙眼慢慢地——**“啪！”**。

這樣的貓自我意識過剩，有點無聊（又欠揍），但你還真捨不得揍牠。

2 級渣貓

吃飽了就懶得理你，
完全當你是人形餵食器的——
“冰山軟飯貓”。

MAO 言：吃的呢？喝的呢？
玩的呢？鏟屎了嗎？
好了，你可以退下了。

鏟屎官控訴：

想吃飯的時候就喵喵叫，超級撒嬌，吃完罐頭就翻臉不認人了。

你可以盡情擼牠的時間，只有開飯前的5分鐘，擼完感覺好像做了一場夢…

一點都不懂得討好**“金主”**，完全沒有吃人嘴軟的自覺啊！

3 級渣貓

明明是個超過 10 公斤的胖子，
卻依然把自己當寶寶的——
“媽寶貓”。

MAO 言：要做你一輩子的小可愛哦。

鏟屎官控訴：

一隻大肥貓，一邊呼嚕一邊在你胸口踩踏時，簡直**“令人窒息”**。

無論多麼巨大都要你抱抱，還把自己當個寶寶，還喜歡用屁股對著你的臉。

4 級渣貓

無論做什麼，
都必須合牠心意的——
“控制狂魔貓”。

MAO言：很好，請保持我想要的姿勢不要動，我要睡了！

鏟屎官控訴：

貓糧不合胃口就一掌打翻；睡在你腿中間，敢動一下就拿腳尖戳你，**控制欲極強且愛裝傻**。

偶爾會捕捉小老鼠或蟑螂放到你床頭，一臉看“廢材”的樣子**盯著要你吃下去**。你不吃，牠還會**生氣**。

這種貓咪危害值頗高，但又讓人忍不住有點開心。

5 級渣貓

愛撩人，
但撩完就走的——
“**公關貓**”。

當你坐回去……

MAO言：撩完就跑真刺激！

鏟屎官控訴：

躺在那裡翻肚肚討摸，你一伸手牠就跑或奮力反抗，好像你是個“**強搶民貓**”的惡霸。

假如你冷處理，牠就又黏上來“**喵喵喵”地引誘**你，結果你擼沒兩分鐘，又一溜煙地跑掉了。

撩了就跑，不負責任。

6 級渣貓

曾以為自己是牠的唯一，
結果發現你不過是之一的——
“**處處留情貓**”。

MAO 言：别急，我寵完他再來寵你！

鏟屎官控訴：

比養一隻“傲嬌”的貓更令人難受的是，你的貓來者不拒，**對所有人都很溫柔體貼**。

平時總跟朋友炫耀牠有多愛你，等人家來做客，牠卻更熱情地在客人的腿上打滾、撒嬌。

“暖貓”不好嗎？好啊，可是總覺得，心裡有點落寞呢。

貓：你們人類真難伺候！

7 級渣貓

每天被牠欺負得毫無還手之力，
動爪又動嘴的——
“家庭暴力貓”。

MAO 言：給我死！

鏟屎官控訴：

從來不掩飾火爆脾氣，**開心就動口，不開心就動手，急了更是雙管齊下，**你只有“哎哎”叫的份。

為此你查了**玩耍性攻擊、轉移性攻擊、疼痛性攻擊**等諸多術語，發現原來也不全是牠的錯。然後——**當然是選擇原諒牠啦**。

雖說被小貓咪揍只有零次和無數次之分，但你只能安慰自己：養貓的，**誰手上沒幾道“勛章”啊**。

8 級渣貓

說好永遠不分開，
卻在短短幾年或十幾年之後就離去的——
“不守承諾貓”。

MAO 言：鏟屎官我先走了，
你要好好的哦！

鏟屎官控訴：

在一起的時候，明明說好不要分開，結果只陪伴我們十幾二十年，就回到喵星去了…但我的一生還這麼漫長，**該如何面對接下來沒有你的日子呢？**

我好痛苦，也許一開始沒有遇到你就好了。

假的，這句話不算數，我們下輩子還要見面，說好了哦！

Chapter

02

養貓後，我竟然變成這樣了

01 正常人變成養貓人後的典型症狀

我發現，
正常人類一旦吸了貓，
就會不自覺地
做出一些**匪夷所思**的行為。

因此，
我們總結了
正常人變成養貓人後的
典型症狀。

趕快來看看，
你是不是也中了？

典型症狀 1
溝通障礙

比起和人類溝通，

更喜歡和小貓咪交談。

據調查，99%的鏟屎官都和自己家的小貓咪聊過天，這種對話無論是對小貓咪還是對人都有好處，小貓咪雖然不知道你在說什麼，卻能感受到你的關注，有時還會"喵喵"地回應。

典型症狀 2
審美觀出現嚴重偏差

毫無感覺

長得奇奇怪怪的喵星人

瘋狂按讚

典型症狀 3
衝動消費

對於一般的名牌產品

無欲無求，

產品稍微加上有貓元素的賣點，

現在、立刻、馬上、必須擁有！

典型症狀 4
生活品質兩極化

鏟屎的自己

小資女孩的用品可以馬虎，

我家小貓咪

但別的小貓咪有的，我家小貓咪都要有。

典型症狀 5
出門困難

正常人出門：

看風景、自拍，開開心心。

養貓人出門：

不斷看監視器，剛出門就後悔了。

典型症狀 6

智商下修

養貓前，“學霸”人設：

動物中除了人類，只有某
些類人猿和海豚能認出鏡
子中的自己。

養貓後，“笨蛋”竟是我自己：

典型症狀 7

情感需求轉移

有貓前：

曾經想討好整個世界，
卻依然孤獨。

有貓後：

被全世界**嫌棄**也**沒關係**，
也不需要討好別人，
因為我知道，

小貓咪不會在乎
我是**貧窮**還是**富有**，
顏值是高還是低，
牠們會一如既往地——

我不得不另闢蹊徑，
換種方式尋找
小貓咪愛我的證據。

以上症狀你中了幾種呢？

全中的朋友恭喜你，
你已經成功脫離正常人類的行列，
成為一個
“智商下修”“行為奇葩”“情感失調”的

幸福的養貓人了。

02 教你一句話惹毛養貓人

眾所周知，
我們養貓的人
天生溫柔善良、熱愛生活，
崇尚愛與和平。

不過有的時候，
一句話也能讓我們
瞬間“炸鍋”！

比如，
有一次我和一位愛吃辣的貓友聊天。

你們家的貓
吃辣椒嗎？

……

……

後來
我知道了，
~~愛吃辣的人養的貓不吃辣~~。

想激怒一個養貓人
其實很容易，
只要按照下面的方式
和他們聊天，
保證你會得到一個
被惹毛的“貓奴”。

1

當我餵流浪貓時，

有人會說：

我的os（overlapping sound，指“內心獨白”）：

實際上別人聽到的：

2

當我的貓在小屁孩手裡時，

有人會說：

恐龍家長
他只是個孩子，讓他玩一下會怎麼樣嗎？

我的 os：

實際上別人聽到的：

3

當我曬我的貓時，

有人會說：

我的 os：

實際上別人聽到的：

李小猻
品種不重要，牠帶給我的快樂才是最重要的。

4

當我對貓很好時，

有人會說：

我的 os：

實際上別人聽到的：

5

當我和不熟的親戚吃飯時，

他們一定會說：

我的 os：

實際上別人聽到的：

6

當有人想領養貓時，

有人會説：

我的 os：

實際上別人聽到的：

對不起，
這件事，我無法容忍！

7

還有些更讓人“炸毛”的：

這種情況下，

此處無 os，
只有：

其實，
很多養貓人
應該都經歷過**這些**。
很多人
應該也和李小孩ㄦ一樣，
內心波濤洶湧，
但很少形於色。

畢竟，
小貓咪帶給我們的**愛與快樂**，
遠大於那些不理解和不認同，
不是嗎？
享受快樂就好。

不過，
對於傷害生命的行為，
我們也能隨時拔出
40 公分長刀！

因此，
答應我，
請不要惹毛一個養貓人。

03 小貓咪再醜，也沒有我吸不了的貓

作為**吸貓無數**的**老牌鏟屎官**，
我也曾
誇下海口：

結果，
現實總是馬上
給我一記響亮的耳光。

比如，
網路上看到的這隻小可愛。

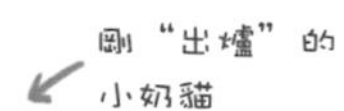

看牠的背影，
平凡無奇又有點萌萌的，
一回頭卻
……

這顏值，
就連**吸貓無數**的我，
隔著螢幕也覺得有點……

原諒我眼界有限，
無法欣賞這個小傢伙的顏值，
提供高解析圖片給大家看一下。

這也讓我們不得不承認，
即使是喵星人，
也有長得讓人
一言難盡的個體。

有人總結，
醜貓都有個特點，
那就是
長得像人，
比如——

鰲拜喵

小眼喵

也有些貓長得
好像**跨越了物種**——

狗頭貓

蛙形貓

包子貓

而在**芸芸醜貓**之中，
乳牛貓和玳瑁貓
憑藉著**花色**的**優勢**，
"奇葩"輩出。
說起來真是……

理想
總是美好的，

今天，我要創造一批可愛的小貓咪！

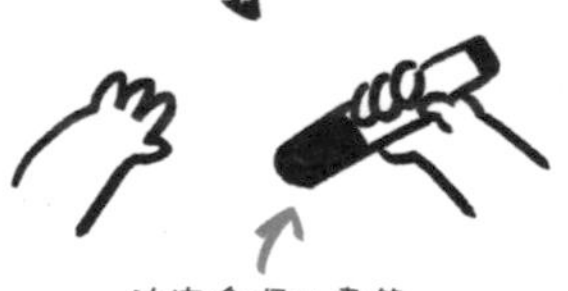

現實
全憑運氣，

成品
都是潑墨效果。

還有一些情況，
則是單純的**品種問題，**
比如
經常獲得**世界最醜貓**冠軍的——

無毛貓

無毛貓雖然醜，但是個性超好！

還有新品種——
狼貓，
實力也不容小覷。

狼貓的英文名 Lykoi 源自於希臘語，意思為“狼人”，不過據說其性格非常親近人。

總之，
有句話說得好：
美總是**千篇一律**的，

醜則能做到
豐富多彩、各有千秋。

但只要你**放下成見，**
就會發現
醜貓也有不少優點。

首先，
醜貓都
超級親人！
（反對無效！）

比如，
去養了**很多貓**的朋友家玩，

每次招呼我的，

都是
最醜的那隻！

其他貓咪
早就四散躲藏了。

長得太美
果然是種負擔呢！

貓行為學家發現，過度的撫摸會給小貓咪帶來壓力，對於敏感的小貓咪來說，真的是“貓貓不說，但心裡苦”的狀態。因此擼貓也要有節制，如果小貓咪表示拒絕，就要停下來。

另外，
在喵星人的世界中，
醜到極致就是萌，
牠們可以化身為“行走的表情包”。

每天都會被牠們的臉
莫名地治癒。

甚至可以說，
我們的生活在某種程度上都是被這些
小可愛拯救的。

不過，
醜**帶來的劣勢**也很明顯，
特別是對**流浪貓**而言。

美　醜

更容易得到關愛並找到新家

更難得到食物和被領養的機會

其實
牠們都一樣可愛。

比如

只要好好餵食，
醜貓
也有“**大翻身**”的一天。

不過，
從小醜到大的情況也**時有發生**。

長大應該會變美吧

醜得更明顯了

其實說穿了，
美或**醜**，
都是人類的評判標準罷了，
而每隻小貓咪都值得
被寵愛。

總之，
這個世界上**沒有醜貓咪**，
只有**不敢親的人**。

畢竟，
無論我們長成什麼樣子，
牠們也沒有嫌棄過……

04

那些年，小貓咪跑的酷和養貓人熬的夜

我要跟大家坦白：

我有黑眼圈，

而且最近越來越重了。

不過，

黑眼圈雖然長在我臉上，

凌晨開 PARTY 的

卻不是我！

事情的真相是這樣的──

00:00

我乖乖上床睡覺，

一個小時後，

01:00

臥室跑酷時段開始了。

安靜了一陣子後，

02:00

深夜食堂時段開始了。

安靜了一段時間後。

04:00

唰啦

唰啦

唰

挖沙便便時段開始了。

我鏟好貓砂繼續回來睡後，

05:00

嗒

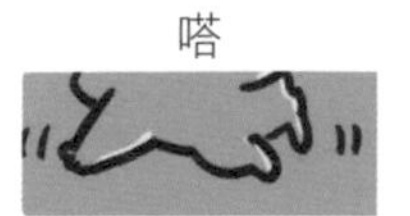

嗒嗒

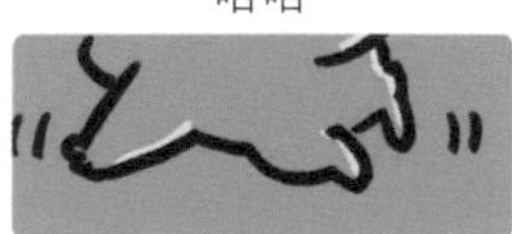

唰

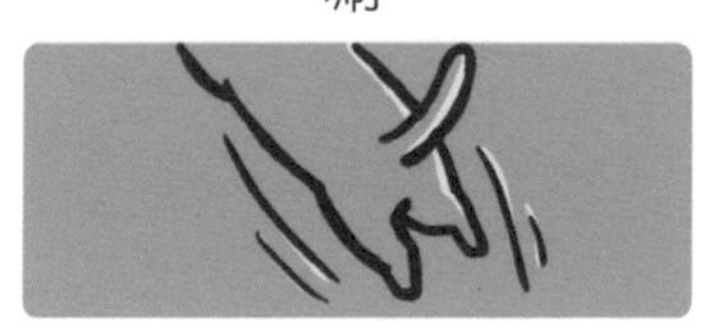

床頭蹦蹦跳跳時段開始了。

總之，
整晚都在蹦蹦跳跳。

於是，
到了早上，

我獲得了一份濃郁可愛的
黑眼圈。

所以，
為什麼可愛的小貓咪
要在晚上這麼忙呢？

其實，
作為喵星人，
牠們確實有自己的一套
時間管理方式。

1

生理時鐘和人類不同

清晨、黃昏、夜晚
都是小貓咪的活躍時間，
是牠們捕獵、巡視領地的時段。

知識點①

2

白天睡多了

小貓咪每天要睡 10~16 個小時，
但大多數主人**是上班族，**
每天不在家的時間也差不多這麼長，
因此小貓咪白天都在睡覺，
只能在晚上釋放精力了。

知識點②

3

可能是餓了

夜間一般是小貓咪捕獵的時段，
因此有些小貓咪可能會保持
夜間進食的習慣，
因為肚子餓而**半夜吃貓糧**。

那麼，
怎樣才能阻止小貓咪在晚上活動，
有效避免鏟屎官長黑眼圈呢？

首先，
白天給牠們找點事做。
上班族很難白天在家陪“主子”，

但是，
你可以從環境著手。

其次，
多陪玩。

下班後別只顧躺著**滑手機**。
請用力地陪小貓咪
玩至少 30 分鐘！

正所謂：
睡前放放電，
半夜就好眠。

另外，
你還可以嘗試——

副作用：吃飽後可能更有精神…

副作用：對已經習慣進臥室的小貓咪無效，情況還可能變得更糟。

還有最後一種方法，
勸君不要輕易嘗試。

前一天晚上……

小貓咪們夜間活動的可怕程度
超乎你的想像。

所以，
睡什麼睡？
人類，**起來嗨！**

知識點①

獵食動物的活動時間基本都與牠們的獵物同步。小貓咪因獵食老鼠等夜行動物，所以會在夜間活動。當然，這也是因為牠們有良好的夜視能力。

知識點②

很多小貓咪晚上比較有精神，也是因為這個時段主人在家，牠們終於有了可以互動的對象。

知識點③

有些小貓咪肚子餓找不到吃的，就會去騷擾主人。主人一旦爬起來倒貓糧，小貓咪就會產生“只要這樣做，就能得到吃的”的意識，久了就養成吃宵夜的習慣了。

知識點④

精心布置的房間能讓喵星人即使自己在家，也有事可做。豐富的環境、足夠玩耍的空間，不但能減少小貓咪在夜裡磨人的次數，還能紓解牠的壓力，避免因為壓力而帶來的健康問題。

05

養貓多年，我終於發現了對抗貓毛的終極方法

養貓之前，
我以為養貓是一件很優雅的事。

畢竟小貓咪都是這麼
好看又迷人。

然而養了貓我才知道，

原來貓是“植物”！

最後，
我就這樣被淹沒了。

而且牠們
一年四季都在“播種”！

在沙發和床上，

在杯子裡，

在鍵盤上，

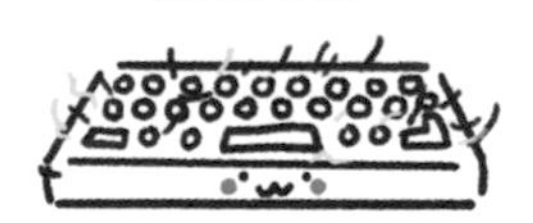

在每每每每一件衣服上！

直到某天我突然發現，
原來這是
喵星人的陰謀。

原來這些毛
是喵星人標記、馴服人類的證明。

就這樣，
我開始了漫長的**與貓毛作戰**的歷程。

用**黏毛器**

“用**膠帶**”

用**橡膠手套**

用盡了辦法，
卻還是沒能…拯救自己。

然後，
我發現許多養貓知識也是錯的！

而且，
短毛貓也不比**長毛貓**
掉毛少。

許多純種短毛貓都有雙層皮毛，
比如以毛髮豐厚著稱的英國短毛貓。

我翻了很多資料，
發現解決掉毛的方法不外乎以下幾種：
- 多幫小貓咪梳毛，
- 用吸塵器清潔房間，
- 不要讓小貓咪受到驚嚇，
- 讓小貓咪保持健康。

總之，
在與貓毛戰鬥多年後，
我投降了。

我發現結束這場戰鬥
最好的方法就是——

剛養貓時的我們：

現在的我們：

咕嚕咕嚕

有毛嗎？
我沒看見啊。

06 天熱了，養貓人身上的傷快藏不住了

每當天氣變熱，
鏟屎官們總會迎來更多
關愛的目光。

被我家的貓
抓的而已。

所以……

炎炎夏日，
親愛的鏟屎官們
你身上的傷
還**藏得住**嗎？

不過，
話說回來，
要是身上一點抓痕都沒有，
還真不好意思說自己是鏟屎官。

比如，

上次洗澡時抓的。

去**醫院體檢**時踹的。

最猝不及防的，

當時我**只是在擼貓，**
場面明明很溫馨，

結果**擼著擼著，**
牠就……

突然翻臉了。

細數起來，
這樣的情況還真不少。

睡覺被踢到，
來一口。

玩得開心時，
抓一道。

有時候還會上演
奪命連環踢。

想不掛彩，
真的太難了。

雖然說
偶爾被抓並不是大事，
（將就點吧，還能怎樣？）
傷痕是**小貓咪與鏟屎官之間**
互相識別的標誌。

事實上，
小貓咪不是“**暴力狂**”，
不會隨便抓人、咬人。

牠們的多數攻擊行為，
其實是可以避免的。

1

小貓咪玩著玩著突然翻臉，
多屬於玩耍性攻擊。
這主要是因為小貓咪把主人的手當成了
狩獵和玩耍的對象。

為避免被誤傷，
鏟屎官一定要用**玩具和喵星人玩耍，**
任何時候都**不要用手逗貓**。

2

撸著撸著小貓咪突然咬你一口，
可能是在發出警告。

這裡不能撸！
夠了，**請停止！**

這也有可能
是小貓咪身體不舒服的警訊。

3

這些行為也有可能是
受刺激的反應行為，

最常見的就是
小貓咪突然被嚇到，

為保護自己而展開攻擊。

原則上，
只要注意以上幾點，
就能避免小貓咪 80% 的攻擊行為。
不過，
也不是萬無一失。

有一次，
小貓咪**半夜蹦蹦跳跳**撞翻了水杯，
自己嚇一跳後迅速逃走，
在逃跑的路上
順便讓我破了相！

知識點①

鏟屎官要注意貓咪行為習慣的養成，當貓咪還小時，被牠咬一下可能沒什麼大不了，但如果養成這種不好的行為習慣，貓咪長大後還是這樣玩耍的話，鏟屎官肯定會受不了的。

知識點②

擼貓除了不要隨便碰不可觸碰的位置外，時間也不宜過長。很多時候，小貓咪已經用其他方式表示拒絕了，如果人類還不停止，牠們就只好動手了！

知識點③

某些身體疾病（外傷、心臟病、血栓等）可能會讓小貓咪拒絕被撫摸。因此，如果小貓咪突然不給摸，甚至出現攻擊行為，鏟屎官就需要仔細觀察，及時送醫。

知識點④

小貓咪在受到外界非常強烈的驚嚇時，會瞬間產生應激反應，為了迅速遠離危險，會想盡辦法逃走。此時任何擋在逃跑路上的物體對貓咪來說都是障礙，牠會對其展開攻擊，包括主人。
所以，無論出於什麼目的，都不要嚇唬小貓咪！

07 養貓10天or養貓10年？一個動作就能判斷！

養貓人，養貓魂。
偷偷問一句：
你當“貓奴”幾年了？

是入坑10天的新人

還是

養貓10年的“老鳥”，

一個動作暴露你的身分！

比如，遇到以下情境時，
你會怎麼做？

情境1
剛倒的水被主子喝了

養貓10天

我蓋上蓋子總可以了吧？

養貓10年

拿起來直接就……

情境2
馬上要出門，身上卻都是貓毛

養貓10天

出門10分鐘，黏毛半小時。

養貓 10 年

無動於衷，甚至有點驕傲！

甚至還能藉此標誌
找到同好。

情境 3
日常鏟屎

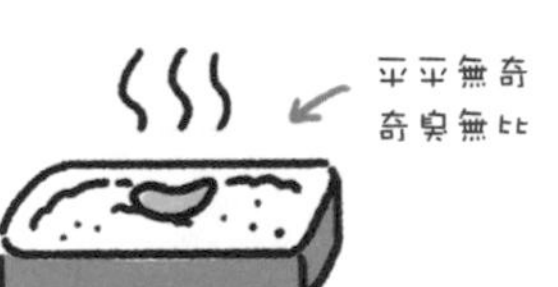

養貓 10 天

全副武裝。

小貓咪這麼可愛，
為什麼便便這麼臭？！

鏟屎官

養貓 10 年

氣定神閒，
（嗅覺逐漸喪失）

還能順便製作一份
檢驗報告。

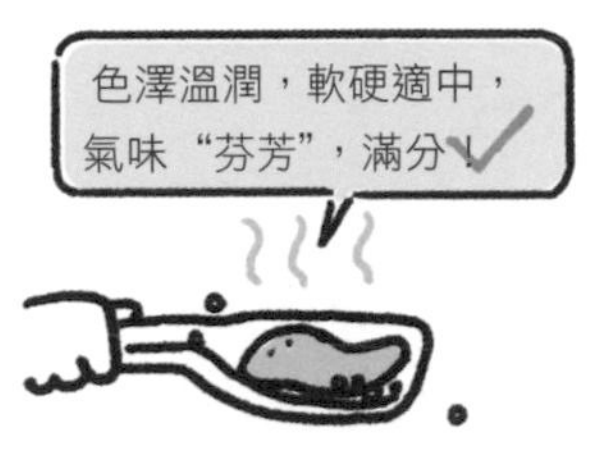

情境 4
夜間活動

養貓 10 天

睡眠不足，神經衰弱，
黑眼圈加劇。

養貓 10 年

歲月靜好。
（聽覺逐漸喪失）

情境 5
被主子家暴

養貓 10 天

瘋狂腦補，
就差立遺囑了。

愛會消失的對不對？
啊！
為什麼傷害我？
要不要打狂犬疫苗？
貓抓病
我要死了嗎？

養貓 10 年

呃……

我的手機呢？
這個一定要傳到群組秀一下。

總之，
養貓 10 年，
我們都改變了很多，
但是，

有一件事是始終如一…

養貓 10 天

養貓 10 年

養貓 20 年

不管過了多少年，
我們永遠覺得，
小貓咪怎麼那麼可愛！

一日貓奴，
終生貓奴。
無論入坑幾年，
每個養貓人都是這麼

可ㄎㄜˇ愛ㄍㄨㄞˋ！

祝所有的小貓咪都健康又長壽，
陪伴我們長長久久！

08

“養一隻貓跟養兩隻差不多！”多少人被這句話騙了？

俗話說得好：
當你養了一隻貓，
養第二隻的時間也不遠了。

還有種說法也經常聽到：
養一隻貓和**養兩隻貓**其實
差不多。

事實真的如此嗎？

你們應該已經猜到了。

兩隻貓的生活，
遠比你想像中的還
豐（刺）富（激）。

（以下內容根據真實事件繪製。）

你以為的
兩隻貓的日常社交：

相安無事

相親相愛

現實的分割線

實際上的
兩隻貓的日常社交：

狹路相逢

雞犬不寧

知識點①

你以為的

兩隻貓吃飯：

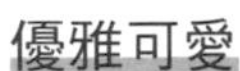

優雅可愛

現實的分割線

實際上的

兩隻貓吃飯：

剛吃一口

交換吃

千奇百怪

擠在一起吃

知識點②

你以為的

兩隻貓上廁所：

互學互助

完美

現實的分割線

實際上的

兩隻貓上廁所：

只會互相帶壞

然而，
更令人驚喜的是——

你以為的
兩隻貓的排泄物產量：

1 隻的產量 ×2 = 2 隻的產量

現實的分割線

實際上的
兩隻貓的排泄物產量：

知識點③

有兩隻貓的家庭最重要的就是
公平分配。

也許，
你以為的
公平分配：

你有我也有，
皆大歡喜。

現實的分割線

但是，
實際上的
公平分配：

公平分配根本不存在。

接下來是人類最期待的
擁貓入睡環節。

你以為的
兩隻貓一起睡：

左擁右抱，

現實的分割線

實際上的
兩隻貓一起睡：

一起睡？你不配！

勉強睡到半夜，還會
從一隻貓的狂歡，
升級為
兩隻貓的派對。

最後你會發現，

有兩隻貓的生活
並不是多了一隻貓。

而是……

你，
才是多出來的那個！

而最讓人無法接受的是，

你以為的
兩隻貓的日常花費：

買多了
不浪費

買一送一
更划算

怎麼都不虧。

現實的分割線

實際上的
兩隻貓的日常花費：

知識點①

如果第二隻貓是新來的，舊貓會因為覺得自己的領域被入侵，而心生警惕，很少出現鏟屎官想像的溫馨歡迎場面，所以鏟屎官要做好心理準備。兩隻貓如果進入家庭的時間差不多，相處會和平許多。

知識點②

不要沉浸在美好的幻想中了。想讓多隻貓咪們好好吃飯，貓碗之間一定要保持安全的社交距離。進食距離太近會增加小貓咪進食時的壓力，使貓咪進食過快或互相搶食，畢竟別人碗裡的東西總是最香的。

知識點③

有兩隻貓的家庭的如廁設施絕對不是簡單的“原數量 ×2”。首先，貓砂盆的數量要增加到“N+1”個，貓砂的消耗量也會變多。還需要注意的是，貓砂盆也需要分散放置，不要離得太近。如廁地點是非常隱私的重要地盤，最好不要重疊以免節外生枝。至於小貓咪為什麼會互相學壞…至今仍沒有標準答案。

09 和小貓咪一起長大

關於小貓咪和小小孩之間的關係，

有人說
有小貓咪陪伴的童年
才更幸福，

也有人說
喵星人和調皮的孩子
不可兼得。

和小貓咪一起長大
到底是什麼感受呢？

那些
家裡有小小孩也有貓的家庭，
和只有小小孩的家庭差異在哪裡呢？

1

別人家的小小孩
說出的第一個詞：

養貓人家的小小孩
說出的第一個詞可能是：

2

別人家的小小孩
玩沙：

養貓人家的小小孩
玩沙可能是：

3

別人家的小小孩的
知識範疇：

養貓人家的小小孩的
知識範疇：

4

別人家的小小孩
不寫作業的理由：

"玩遊戲、追劇。"

養貓人家的小小孩
不寫作業的理由可能是：

"我家有貓。"

5

別人家的小小孩
被貓抓了：

養貓人家的小小孩
被貓抓了：

總之，
當你問一個**養貓又養小小孩的鏟屎官**
這個問題：

他一定會說：

後悔我怎麼
沒有和小貓咪一起長大！

因為
和小貓咪一起長大的孩子
實在太幸福了！

和小貓咪一起長大
一般是不會影響到孩子的身體健康。

從小接觸寵物的孩子與從小未接觸寵物的孩子相比，過敏的機率更低。養兩隻以上寵物的家庭的孩子，比僅養一隻或沒有寵物的家庭的孩子產生過敏反應的比例低67%~77%。

和小貓咪一起長大的孩子，
較不會感到孤獨。

小貓咪能有效紓解人類的壓力，這對孩子們同樣有效。有研究表示，有寵物陪伴的孩子，較不容易感到孤獨。

和小貓咪一起長大的孩子
往往更有責任感。

從小了解該如何照顧寵物、如何對生命負責的孩子，長大後也較不易行為偏差。

和小貓咪一起長大的孩子
往往更有愛。

毛：走開！這個孩子只有我能欺負！

養寵物能從小培養孩子的愛心，讓孩子在愛中長大。而且，小貓咪給孩子的愛不一定比父母給的少。

不過，
讓喵星人接受小小孩，
並不是件容易的事。

家裡突然多了個成員，喵星人也會面臨很多壓力。

因此，
想讓喵星人和小小孩和諧相處，
需要做許多工作。

在孩子和小貓咪真正見面前，
要先讓小貓咪**熟悉孩子的氣味和聲音，**
以免環境突然改變使貓咪倍感壓力。

不要讓新生兒在沒有成年人陪同
的情況下和小貓咪獨處。

要教導孩子如何與小貓咪正確互動，
並明確指出不應該做的事情。

例如不要用力拉扯小貓咪，不要大聲喊叫、追逐小貓咪，永遠不要強迫小貓咪⋯等。

可以讓孩子幫忙照顧小貓咪，
例如幫忙**餵食等簡單、安全的工作。**

最重要的是告訴孩子，
貓咪是家人，不是玩具。

李小孩儿不建議為了讓孩子有伴而養貓，
更不要把小貓咪當作給孩子的禮物！

相信經過你的努力，

世界上一定會再多一位
金牌鏟屎官。

一切都是那麼美好。

所以，
關於小小孩該不該
和小貓咪一起長大這件事，
你怎麼看呢？

毛：本貓現在非常後悔…

Chapter

03

養了貓，才發現我們其實不懂貓

01 小貓咪的顏色都是怎麼來的？

本節我們來看看
小貓咪
的顏色是怎麼來的。

一隻即將出廠
前往地球
統治人類的小貓咪，
站在要進行**最後一個流程**的門前。

首先，
選顏色。

接下來就要在
龐大的貓咪顏色庫中
做出選擇了。

這只是主色，
還有很多的淡化色系。

比如：

黑色及其淡化色系
（黑色的淡化色被稱為藍色），

紅色及其淡化色系
（紅色的淡化色被稱為乳色（奶黃色））。

俗稱——

紅色自帶
吃貨體質，
吃飽飽身體好。

黑色充滿
神祕感，
外表冷酷內在熱情。

那顏料只能塗一半喲，
附加價值也要打折喲！

接下來，
就到了愉快的**上色時間**。

不過在這之前，
有幾個安全事項
需要說明。

1

嚴禁躺在輸送帶上。

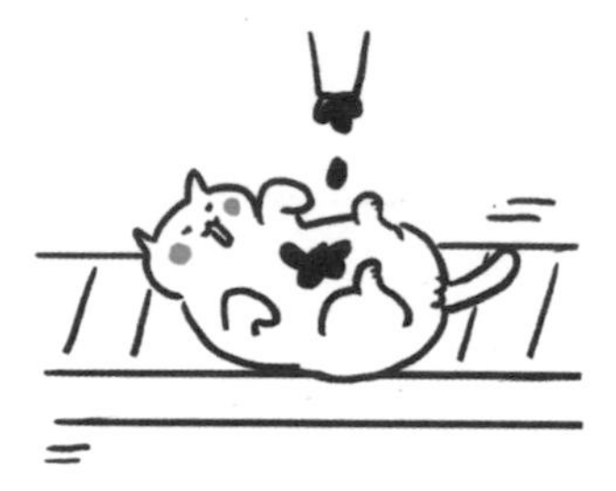

這個行為不但危險，

還會被噴成奇怪的顏色。

需要送回原廠重新噴，

小魚乾也不會退！

2

臉不要離噴頭太近。

否則你會得到

一張奇特的臉，

比如：

或

3

保持自然，

一切交給運氣。

接下來，

祝您好運！

不久之後——

還有細節手繪服務，

需要嗎？

又想騙我的
小魚乾嗎？

價格透明，貓狗無欺。

30 個小魚乾
40 個小魚乾
10 個小魚乾
30 個小魚乾
50 個小魚乾
純手繪！

嗯…

10 個小魚乾
這個吧！
最後 10 個小魚乾

請幫我點
在這裡。
沒問題！
如何？
太好了！
現在我可以出發
了，謝謝你！

此時，貓咪抵達地球…

我們的約定，
你果然還記得！

其實，
很久很久以前……

所以，
你恐怕永遠不會知道，
小貓咪為了得到自己的顏色
付出了多少努力。

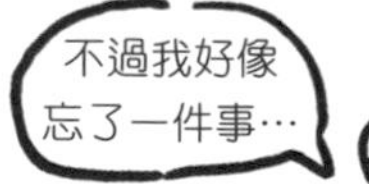

打折後，
黑色的附加值就不是神祕了。
而是——

知識點①

貓咪顏色的性別差異：
貓的毛色由基因決定（白色不算），而決定顏色的基因在貓的 X 染色體上，因此小公貓（XY）只能擁有一種顏色，而小母貓（XX) 能擁有兩種顏色，這也是三花貓和玳瑁貓大多是母貓的原因。

知識點②

為什麼沒有黑肚皮的貓？
沒有色素基因的貓，毛都是白色的；但若是含色素基因的話，細胞會先從脊椎附近促成花色產生。如果色素遇到一些抵抗細胞，就會形成斑點或花紋。像肚皮、四肢、尾巴末端等這種色素細胞較不易抵達的部位，通常都是白色的。

02 養了才知道，小貓咪根本就不喵喵叫

前幾天有個粉絲問我，
（是的，我竟然也有粉絲，我自己都不敢相信），
為什麼她家的主子
從來都不喵喵叫？

有沒有問題先放一邊，
但我知道
不只一個人有此疑問。

"喵"
雖然是人類對貓叫聲的總結，
但很顯然，
很多小貓咪都沒有接到這個通知，
叫聲十分隨興。

喵星人中的多話冠軍——暹羅貓

而有些小貓咪，
不好好喵喵叫就算了，
還開始說"人話"。

有些小貓咪甚至
能說很長很長的話。

難道說
喵星人根本不會
"喵喵"叫？

一起……

其實，
貓是不是喵喵叫
並沒有那麼重要。

它只是約定俗成的
形容貓叫聲的擬聲詞罷了。

每一隻小貓咪都是不同的個體，
叫聲不一樣才是正常的，
不可能整齊劃一。

更何況，
我們在形容貓叫聲這件事上
也不統一，
每個國家都不一樣：

英國／美國

日本

韓國

야옹
（庸）。

看到這裡，
可能有人會問：
小貓咪也有方言嗎？
那牠們怎麼溝通呢？

答案是，
小貓咪的叫聲可能存在差異，
但是對小貓咪的
溝通幾乎沒有影響。

因為
喵星人之間
基本上不是靠叫聲溝通，
而是靠身體語言和氣味。

而**叫聲**是
貓咪小時候用來和貓媽媽溝通的。

成年後家貓的“喵”都是留給
人類的。

為什麼有時候
我們覺得**貓好像在說人話？**

首先，
這是因為小貓咪的發聲系統，
能讓牠發出很多種聲音。

知識點①

另外這要歸功於
地球人豐富的想像力了。

（這裡不得不佩服每位主人的翻譯能力。）

而那些**特別長**
且**發音奇怪**的話，
大多是在**特殊情況下出現**的，
比如：

知識點②

知識點③

小貓咪發出這些聲音，
都不是
在和人類聊天。

雖然我們知道
不是每隻貓都會喵喵叫，
但是沒關係，
我們會呀！

只要有貓在，
周圍一定會有一群
喵喵叫的人類。

所以請問：
你家的貓咪是怎麼叫的呢？

知識點①

一位盲人音樂家發現，小貓咪至少能發出 100 種不同的聲音，遠遠超過汪星人。

啊～

知識點②

在發情期，為了讓聲音傳得更遠，小貓咪會發出和平時不同的聲音，聲音更大，持續時間更長，叫得也更頻繁，已經超出喵喵叫的範圍。

知識點③

在小貓咪感到恐懼和憤怒時，牠們發出的聲音已經屬於咆哮聲和嗚咽聲了。這基本上屬於動手之前的警告，表達的意思可能是：我不想看到你在我的地盤上出現，請走開！再不放手我就要……落跑了……

03

貓從高處掉下來不會受傷？原因只有這一個！

小貓咪
如果腳下一滑，

從高處掉了下來，

四爪離地後不到 0.1 秒，
牠的**平衡器官**就會開始運作，
並啟動傳說中的

翻正反射。

牠會先讓頭部向下轉動，
看到下落的位置。

柔韌的脊椎、靈活的鎖骨、
強大的肌肉群
都會為接下來的動作打好基礎。

這不是所有的動物都能完成的，
狗狗們不要學！

接下來，
小貓咪會扭轉身體，
將前半身與頭部
調整至同一直線，
同時後半身也在旋轉。

然後，
牠會**摺疊身體**
以減少角動量，
並保持後腿伸展。

接著，
牠會展開四肢，盡量向下伸展，
微微向側面撐開，

同時後背彎曲，
以減緩落地時的衝擊力。

最後，
牠們就會
準確無誤
並
毫髮無傷地落在

鏟屎官的

肚子上。

是的，這就是
小貓咪從高處落下不會受傷的
終極奧祕。

接下來是闢謠時間。

小貓咪從高處落下，確實會快速啟動自我保護機制，這可以降低危險，增加貓咪的倖存率，但並不代表貓咪不會受傷、沒有死亡風險！

實際上，每年
小貓咪從**高樓墜落**摔傷、甚至致死的案例
層出不窮。

一天之內找到的兩隻貓都是不好的結果。
上午 16 樓墜樓的短毛貓最後走了，
晚上米克斯多多被我們隊員找到的時候，
已經靜靜地躺在地上沒有呼吸。
協尋寵物時最不想遇到的就是這種情況，
請看護好貓咪安裝防護窗。
太多慘痛的案例擺在眼前了！

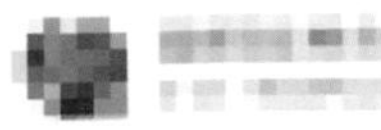

♡喵星人我家老闆骨折了，把嘴也摔爛了。護士在餵牠吃流質食物。大家還是把窗關好。牠是不小心墜樓的。我送去醫院時。醫院裡還有一隻貓也是墜樓。安裝門窗防護真的很重要。

貓咪墜樓的存活率高？

不要信！

之前盛傳的實驗中，所謂的高樓墜貓存活率高達 83%、甚至 90% 的結論並不準確。當時的研究者只調查了被送到醫院的墜樓小貓咪的存活率，而那些沒到醫院就死亡的小貓咪的數據根本沒有被列入！

相對地，

下面這組數據才是我們該重視的。

一項對 119 隻小貓咪高空墜樓的傷害統計分析顯示：

有 59.6% 的小貓咪未滿一歲，46.2% 出現四肢骨折，10.9% 出現休克，33.6% 出現胸部創傷（其中 60% 出現氣胸，40% 出現肺挫傷，10% 併發胸腔積液）8.4% 出現鼻出血及四肢骨折、鼻出血、齶裂…等的嚴重內外傷！

正所謂安全第一，

如果底下沒有**鏟屎官**墊著，

那麼，

養貓必須窗戶緊閉！

震驚！溫度每下降 1℃，就有一隻小貓咪“失去”爪爪！

天氣越來越冷，
隨著溫度的降低，
小貓咪也會發生季節性變化，
鏟屎官需要格外留心。

溫度每下降 1℃，
就有一隻小貓咪會
“失去爪爪”。

變身

知識點①

小貓咪花色不同，
“吐司”口味也都不一樣。

牛奶“吐司”

奶油“吐司”（家庭裝）

每一款都熱氣騰騰、
柔軟蓬鬆。

“大貓”也會有一樣的揣手動作喲。

溫度繼續下降，
於是有些小貓咪決定去
“做個髮型”。

髮型製作中

但是，
造型有**風險**，**燙頭**需**謹慎**。
有些沒有經驗的小貓咪很可能——

造型失敗。

溫度持續下降中，
寒冷的夜，某些鏟屎官還會
失去他們賴以生存的——
溫　暖

被窩。

不過這都不重要，

重要的是
30 分鐘過去了，

被窩還在，熱氣沒了。

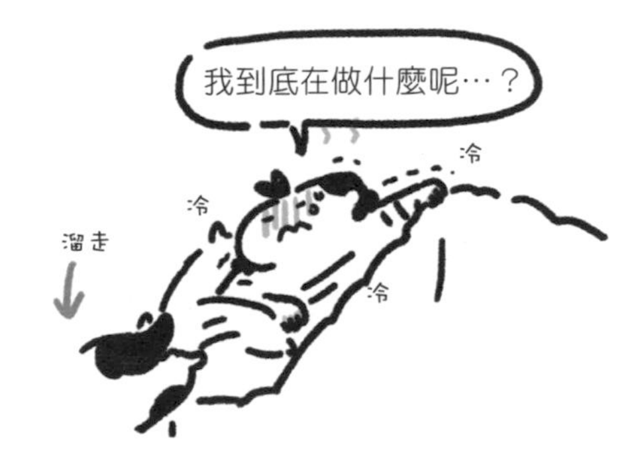

溫度持續下降，
當各種取暖設備上場時，
小心它們會像**長蘑菇**一樣
長出貓來。

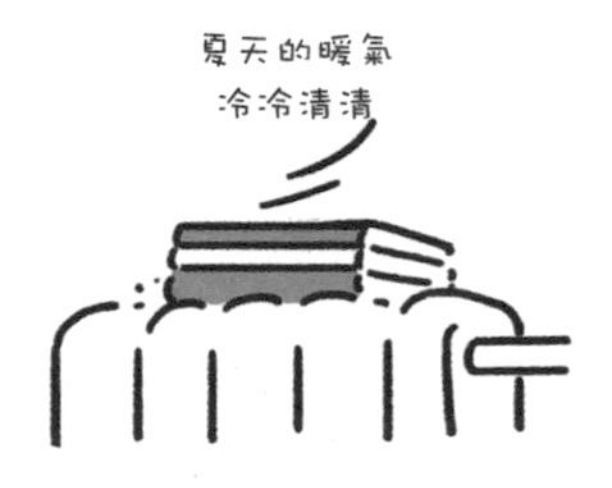

冬天的暖氣
趨之若鶩

某些多貓家庭
還會出現難得一見的
神祕會議。

什麼時候結束會議
啊？讓我也加入吧！

此時，
也是享用**季節限定**的好機會。

比如，

（此為危險操作，請勿模仿）

又香又軟的**貓掌棉花糖**
（聽說是爆米花的味道喔！）

和
熱呼呼的烤糰子，

只是需要保持距離並及時翻面，
否則

很容易烤糊。

知識點③

總之，
天氣越來越冷，
各位小貓咪取暖時請一定注意
安全第一。

還要提醒小貓咪，

更要小心的還有
某些凍手凍腳的鏟屎官

做出
令人髮指的行為。

不過
在寒冷日子裡，
實在沒有什麼
比得上貓咪暖暖包了，
不是嗎？

貓咪揣手，把兩隻爪子壓在身下不僅是因為冷，這個可愛的動作除了可以保暖，也多半意味著貓咪認為自己處在舒適、有安全感的環境中。

知識點②

小貓咪總會找一些“奇葩”的地方取暖，請鏟屎官一定留意居家取暖安全，特別是對一些聰明的小貓咪而言，跑到如電暖器的保暖設備旁邊取暖反而會有風險。

知識點③

小貓咪靠近電暖器取暖時，很容易因為靠得太近而發生危險，輕則毛被燒焦，重則造成燙傷，請鏟屎官考慮設置安全防護設施。

就算只是趴在暖氣上，時間太長也可能會導致小貓咪低溫燙傷或脫水。所以當小貓咪趴在暖氣上時，請在暖氣上墊個墊子，或過一段時間把小貓咪叫起來喝點水。

05 把小貓咪放進外出籠需要幾個步驟？

本節的主題是，
把一隻小貓咪
放進外出籠需要幾個步驟？

這恐怕是送分題。

第 1 步

拿出外出籠。

第 2 步

抱起小貓咪
（當然要先找到牠）。

第 3 步

把小貓咪
塞……

進……

去……

但是，
為什麼**小貓咪**對**進外出籠**
如此抗拒呢？

因為在小貓咪看來，
外出籠其實是這樣的：

小貓咪認為一旦被“吃掉”，

就會在陌生的地方失去自由，

↓

會被強迫帶進鐵皮怪，
被晃得頭暈目眩，

↓

然後就會被醫護人員這樣那樣！

久而久之，
小貓咪就會對**外出籠**
產生不好的**條件反射**……
認為一旦進去就沒好事。

那麼，
要怎樣才能讓小貓咪

不害怕外出籠呢？

第 1 步

平時就把外出籠放在家裡，
並把它布置成一個“**貓窩**”。

第 2 步

鋪上軟墊並裝潢一下，
讓小貓咪習慣它、喜歡它，
甚至覺得它是
安全又**溫暖**的家和**秘密**基地。

第 3 步

需要帶小貓咪出門的時候，

只要關上門

就可以**把小貓咪“騙”走**啦！

完成！

如果騙貓失敗，

需要採取強制手段，

也應該有技巧。

正確姿勢應該是——

1

把外出籠**立起來**並打開籠門

（或選用可向上開口的外出籠）。

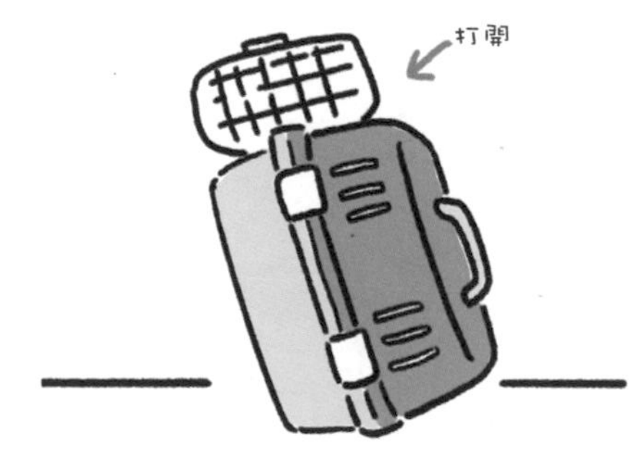

2

一隻手抓住小貓咪的前足，另一隻手抓住後足，用兩手**將小貓咪固定住**。

3

將小貓咪頭朝上，

迅速塞進事先打開的外出籠裡。

4

在小貓咪反應過來之前，

將籠門關上然後放正。

毛嗷！

成功！

以上技巧大家都學會了嗎？

06

我的小貓咪為什麼不給抱？

小貓咪們常常**被迫營業**，
其中少不了各種
親親、抱抱、舉高高。

人類花招百出，
還能

甚至是……

然而，
世界上還有一些人，
明明有貓
卻總是抱不到！

我家就有這樣一隻抱不到的小貓咪。

給多少小魚乾，

都抱不到的那種！

不能抱抱雖然也不是什麼大事，
但每次看到
別人家的貓可以被那樣子抱著，
還是會羨慕！

為什麼有的小貓咪**喜歡被抱著**，
而有的卻**不喜歡**呢？

背後的原因很複雜，
我們一個一個來了解。

首先，可能是抱的姿勢不對。

除了前面**危險**的**機關槍抱法**，
以下這些姿勢也是錯的。

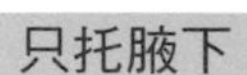

不但不舒服，
還缺乏安全感

拉前肢

會讓關節受傷，
絕對禁止

抓後頸

貓媽媽對小貓的專屬抱法，
成年貓的體重無法承受

想成功地抱起一隻貓，
正確的**姿勢**
應該是這樣的。

資深鏟屎官
抱貓教學

- 先托腋下，

- 根據“貓是液體”
的論點，

- 這個過程中，
貓可能會被拉長，

這個時候只要
托住貓的後肢，

重點是要給小貓咪足夠的支撐。如果貓比較大隻，可以盡量讓牠們貼近你的身體以增強穩定性。一旦小貓咪感到不安全或不舒服，就會馬上逃走。

其實，
只要給小貓咪**安全感**和**穩定性**，
很多姿勢都可以成功地抱起牠們，
比如——

趴肩式

記得先幫貓剪指甲

嬰兒式

對不喜歡肚皮朝上
的小貓咪慎用

上肩式

也有很多小貓咪喜歡踩在
肩膀上的踏實感

抱槍式

對某些大型貓來說，
這個姿勢很穩定，
但是不要"噠噠噠"

但是，
抱貓最重點的是
小貓咪願意。

事實是
很多小貓咪都**不願意被抱住**。
這對小貓咪來說是非常**自然**的行為。

畢竟，
身為小型動物的貓咪
在野外如果**被大型動物抱住，**
多半意味著……

要被吃掉了！

所以，

小貓咪不喜歡被抱抱是
很正常的。

不過，
為什麼**同樣**是**小貓咪，**
有些就喜歡被抱呢？

一樣魚乾養兩樣貓，

主要原因有兩個。

1
遺傳因素
貓媽媽喜歡被**抱抱，**
孩子多半也喜歡**被抱抱。**

比如布偶貓，
簡直就是為了滿足
人類喜歡抱貓的怪癖
而生的。

2
社會化良好
出生後的 1~6 個月
是小貓咪學習社會規則的時期。

如果在這個時期
小貓咪經常和人類相處，
習慣了人類的撫摸和擁抱，

就會了解到
這並不是可怕的事，
並慢慢習慣這種相處模式。

如果
小貓咪**社會化不良**甚至受過**傷害，**

牠們有可能一輩子
都不能接受類似的接觸。

不過請記住：
不想被抱
並不表示貓咪不愛你，

吻擁抱、親吻

都是人類表達愛的方式，
並不是小貓咪的。

小貓咪：明明還有很多**表達方式**啊！

最後，
如果你有一隻**愛抱抱的小貓咪，**
那真的很不錯。
但如果你的貓咪**不喜歡擁抱，**
也請坦然地接受這件事吧！

因為
這就是貓啊！
非要抱抱的話……

不妨考慮**養隻狗**吧！

小貓咪最常用的 12 種身體語言

比起喵喵叫，
其實小貓咪最常用的是**身體語言**。
本節我們介紹
牠們最常用的幾種身體語言。

建議所有鏟屎官熟讀並牢記，
特別是最後一個喲！

1

你好，你回來啦！

尾巴豎直，眼睛向前看，身體放鬆，有時候還會喵喵叫。

OS：識相的話，就趕快開個貓罐頭！

2

你是誰？你要做什麼？

身體坐直，耳朵向前，尾巴圍繞身體，眼睛睜大，處於警惕狀態。

OS：想打什麼壞主意，我盯著你喔！

3

嗯～舒服！

身體放鬆趴臥或“母雞蹲”，眼睛半睜半閉，看起來像在鄙視人類，但其實是非常放鬆的狀態。

OS：不用上班真愜意啊…
（沒有鄙視的意思）

4

走開！我很凶喲！

拱起背，體型因為炸毛而顯得大一號，出現飛機耳，發出「嘶哈」的叫聲。

OS：請離我遠一點！

5 太…太恐怖了！

身體向後蜷縮，尾巴和耳朵貼近身體，瞳孔放大，似乎想找地方躲起來。

OS：那個穿白袍的傢伙，
求求你不要再靠近了。

6 什麼情況？

頭部向前，伸展身體，尾巴保持水平，耳朵和鬍鬚都朝前伸直，似乎在了解狀況。

OS：咦！好像有人在開冰箱！

7 好煩！

尾巴大幅度地左右擺動，頭部略低。

OS：再靠近我的話，我就要炸毛了喔！

8 都是我的！

用身體圍繞一個物體或人類，用頭部甚至全身摩蹭。

OS：從今天起，你沾有我的氣味，
我們是一國的。

9 來玩嘛！

在地上打滾還露出肚子的行為，表示對你極度信任，並想邀請你和牠一起玩，未必是想讓你揉肚子。不過，有些性格隨和的貓咪倒是可以接受的。

OS：來吧，我們來探探彼此的底限。

10

狀態切換中。

伸懶腰表示在切換狀態，例如從剛睡醒切換到活動狀態，或從普通狀態切換到玩耍捕獵狀態，也就是所謂的“換擋”。

11

屁屁代表我的心。

對著你翹高屁股，是想起媽媽為牠舔舐排便的美好回憶，表示牠真的把你當成家人。

12

眨眼示愛！

貓咪凝視著你，並慢慢地眨眼睛，是在表達愛意及信任。這時候如果你也眨眼回應，會讓關係更進一步。

os：我都表白了，
你怎麼回應呢？

本節的教學到此結束，
夥伴們，
你們都學會了嗎？

瘋狂眨眼暗示

08

小母貓才有的快樂，竟然這麼多？

雖然人們普遍認為
公貓比較會過日子，
但是，
世界上也有很多快樂
是小母貓才有的！

比如
右撇子的快樂
（小母貓多是慣用右爪。）

國外曾經做過一個研究，
發現小貓咪也有 **"慣用掌"，**
其中公貓多數是左撇子，
母貓則較多右撇子

* 我們可以透過觀察小貓咪常用哪隻爪子玩玩具、挖貓砂來判定"慣用爪"，但也有很多小貓咪左右爪並用。

但是這並非表示左撇子貓更聰明哦！
實際上
有人認為左撇子的小貓咪
脾氣比較急躁，

而右撇子的小貓咪
比較冷靜、淡定。

所以，
有人認為這表示小母貓們也許較為
冷靜、聰慧。
~~而小公貓較憨厚。~~

還有
秀氣小臉的快樂，
顏值 100 分！

小母貓們由於
激素、骨骼以及肌肉的發育，
多數只有小尖臉和小圓臉，
沒有小公貓們那樣的
大扁臉。

當然，臉型也和品種有關。

如果從人類的角度看，
小母貓們個個都是顏值出眾，
拍照不需要小臉濾鏡。

還有
肆意毆打小公貓
的快樂。

First blood！

Double kill！

Quadra kill！

而且小公貓通常
不會還手。

會這樣，
是因為小公貓們
太“渣”了！

這也顯示了現在大多數小公貓
只會生不會養，

還因為小公貓通常
很快就會離開
原本在一起的母貓。

這樣看來小母貓好像不但不快樂，
還很辛苦啊？
但有一點
確實是小母貓獨享的快樂。

那就是在自然界，
牠們可以**自由選擇對象**。

還可以生
好幾隻同母異父的貓寶寶呢！

這叫作同期復孕。

09

小貓咪為什麼總是看窗外，是想離家出走嗎？

你家的小貓咪也喜歡看窗外嗎？
是不是除了吃飯、睡覺、臭臭，
整天都趴在窗台上？

這是為什麼呢？
人類腦補了很多原因。

想離家出走？ 外面有貓了？
嫌棄鏟屎官？ 嚮往自由？

但是真的要帶牠們出門時，
牠們卻……

其實，
小貓咪喜歡看窗外的理由之一
確實是解悶，
但牠們真正的想法其實是——

窗戶對小貓咪來說就像個
4D 電影院。

你以為小貓咪看窗外時的 os
是這樣的：

但實際上，
窗外的世界
比電影還精彩。

7：00
準時收看鳥類世界或昆蟲展。

鳥類會讓小貓咪更加興奮。

10：00
發現附近的狗狗在樓下“團戰”。

如果狗狗離窗戶太近，可能會讓小貓咪不開心。

14：00
與準時出現的阿呆隔窗對罵。

終於吵贏了！喵！

18：00
太陽要下山了，樹影搖曳，
這也很令喵沉迷。

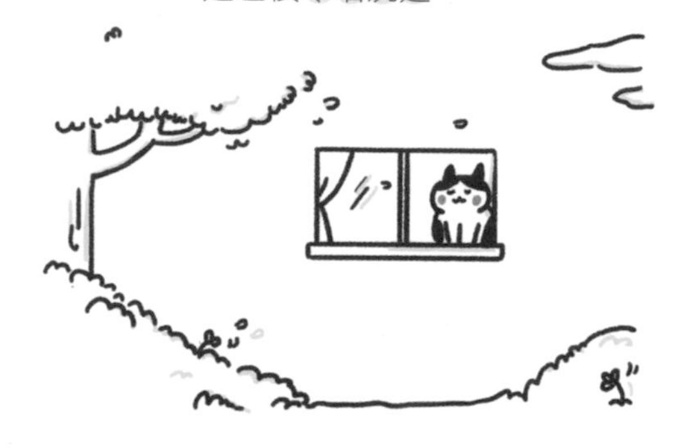

22：00
藉著微弱的燈光，
小貓咪津津有味地欣賞風景。

於是，
小貓咪就這樣度過了
充實又有趣的一天。

真是感謝這個
4D 豪華大螢幕呢！

對貓咪來說，用看的就心滿意足了。

但是對小貓咪來說，
窗外雖然有趣，
牠們卻未必有外出的慾望，
站在窗邊向外張望，就像是
站在自己的領地裡向外巡視。

所以你也不用有什麼心理負擔，
大多數小貓咪都**喜歡家裡安穩、富足**的生活，**只是——**

有一扇風景不錯的大窗戶，

確實是有貓家庭
需要努力實現的目標呢！

有些國家甚至要求如果貓不能出門，
就一定要有扇能讓牠們看到街景的窗戶。

最後，
別忘了做好門窗防護哦！
風景雖好，也要注意安全。

10 小貓咪和你怎麼睡，暴露了牠有多愛你

問個問題，
有貓之後
你都是怎麼睡覺的？

有些人類
表面上睡得若無其貓，

實際上
被子裡姿態僵硬，

（透視圖）

只有自己才知道。

不過你必須要知道，
和你一起睡
其實是小貓咪表達愛意的一種方式。

通常在一群貓中，
小貓咪總會選擇跟最親密的夥伴
睡在一起。

所以如果你
每晚都被小貓咪“挑中”，
那你絕對是牠的真愛無誤！

不僅如此，
小貓咪和你睡覺時的位置，
還暴露了
牠有多愛你。
快來看看你們是哪一種。

互不干擾型：
覺得你是個不錯的室友。

愛意指數 ♥♡♡♡♡♡

小貓咪願意睡在你的旁邊，卻有意和你保持一段距離，說明牠對你有一定的信任，覺得你是個不錯的人類，但也有隨時去別處睡的打算。

貼心暖腳型：
你是有趣的玩伴 。

愛意指數 ♥♥♡♡♡♡

小貓咪在腳邊守護著你，是很愛你的表現。但因為你的腳經常動來動去會影響牠的睡眠，因此牠們也會時常換位置。

曲膝抱腿型：
把你當作可信任的夥伴。

愛意指數 ♥♥♥♡♡♡

你彎曲膝蓋所產生的區域，對小貓咪而言是個充滿安全感的窩，牠們通常會蜷縮成一團，使自己的身形符合此區域的形狀。這顯示了牠對你的信任喲。

掏心掏肺型：
你就是有愛的家人。

愛意指數 ♥♥♥♥♡♡

小貓咪趴在你的胸腹部時，不但感到溫暖，還可以聽到你的心跳，聞到你身上的氣味。這些會使牠更安心，讓牠覺得就像回到媽媽的懷抱一樣。

頭等重要型：
顧名思義，
你就是牠心中最重要的人。

愛意指數 ♥♥♥♥♥♥

小貓咪實在太愛你了，想一直聞著你的氣味，想一睜眼就看到你的臉，所以才睡在你的頭部。但也有人認為，頭部是人類全身最溫暖的地方，而且相對於手腳更穩定，不會動來動去，所以小貓咪才會選擇睡在這裡，跟愛無關。

"吾皇萬睡"型：
整個床都是朕的！你有意見嗎？

愛意指數 ♡♡♡♡♡??

小貓咪佔了整張床、睡在床的正中央，能不能找到地方睡，就看鏟屎官的功力了。

不過，
除了以上的位置和姿勢，
還有一些小貓咪
睡覺時不講道理，

招招要人老命！

胸口碎大石

泰山壓頂

翻滾鎖喉功

奪命神功

總之請記住：
無論你家**小貓咪是哪一種睡姿**，
其中都蘊含了
牠們沉沉的愛意，

而你只要
好好享受**有貓陪睡的時光**就好。

這時候，

享受沉沉沉沉的愛
真的需要勇氣！

多貓家庭的睡姿示意圖

所以，
你和你的小貓咪
每晚都是怎麼睡的呢？

後記

養貓，原來我從未後悔過

雖然前文這些瞬間
已經足夠讓人崩潰，

然而，關於“當初為什麼要養貓”，
民調最高的後悔答案
卻不是它們，
而是——

為什麼
一句話都不說，
就這樣離開呢？

為什麼
必須有分別的一天呢？

這一刻，
我
是真的
再也不想養貓了。

我後悔了，
相遇的那天，

不應該一時興起
把一個生命帶回家。

在這之前，
我從來沒有想過
養貓原來是這樣的。

原來一隻小貓咪
能拉**這麼多便便**、

掉**這麼多毛**、

花**這麼多錢**！

留下這麼多回憶。

但是，
現在我連這些回憶
都不想要了。

這時，
貓貓天堂那邊——

……

不行，
我剛剛才⋯

果然還是……

所以……

是你送牠來的嗎？

是你沒錯吧？

那個人類
會好好生活的，
因為有你來過。

我其實
一點也不後悔
曾經養過貓！

即使知道
結局令人悲傷而且無法改變，
這段路
我依然想和你一起走。

附錄 01

人類 VS. 小貓咪 趣味年齡對照表

* 本圖表僅根據人類和小貓咪的壽命作大致的對照，僅供參考。

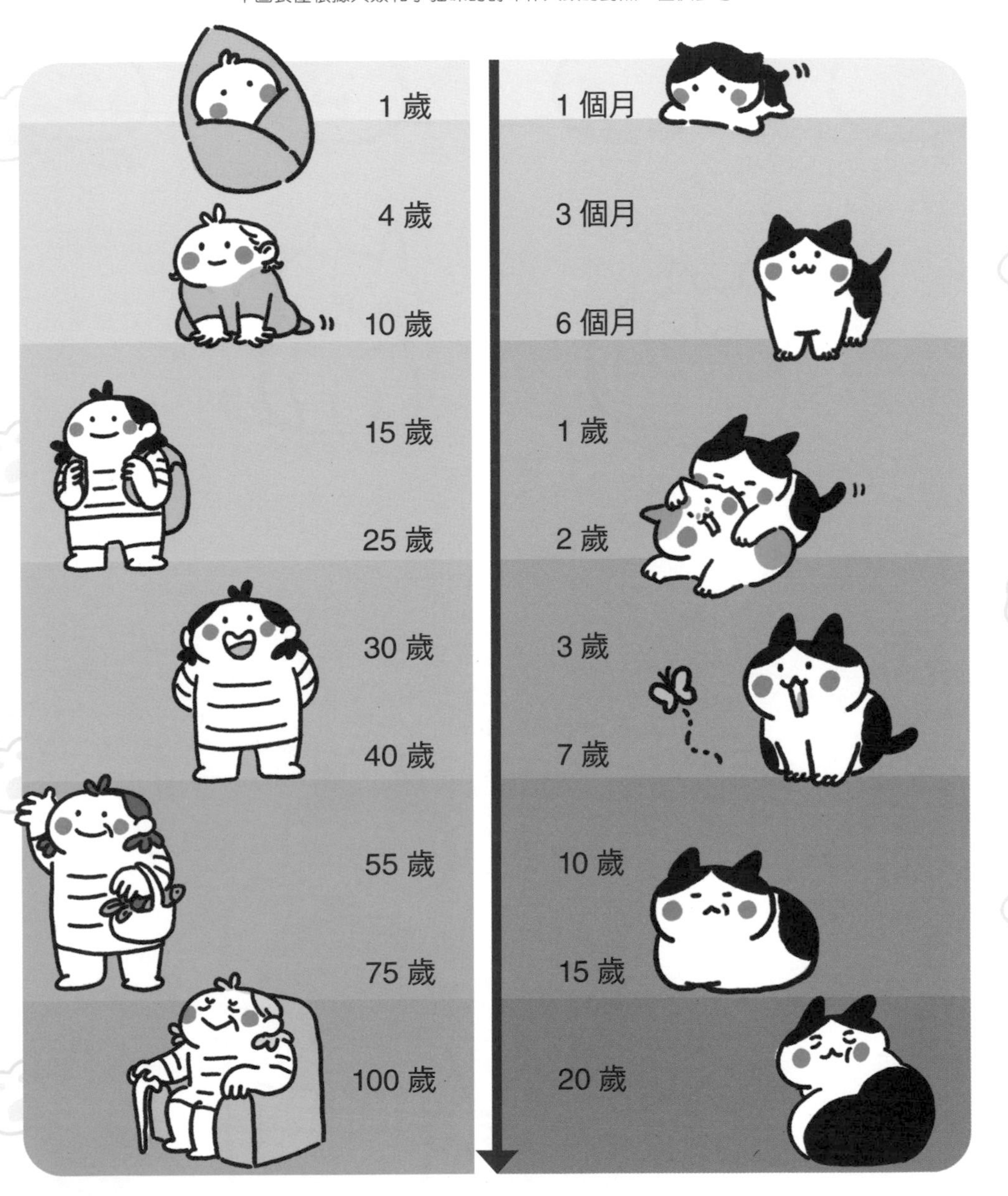

附錄 02

一起來畫小貓咪

先畫 1 個橢圓。

在橢圓的頂部畫出 2 個“尖尖”。

加 2 個黑點和 1 條“w”形弧線。

畫上“靈魂”的紅暈。

貓頭下面再加 1 個橢圓。

也可以畫成站著的小貓咪。

小貓咪在看著你

附錄 03

毛毛寫真大公開

誰的被窩裡沒有一隻“毛”呢？

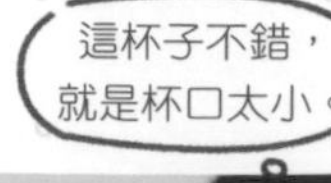
這杯子不錯，
就是杯口太小。

說出來你可能不信，
是桌子腿先動手的！

每天送自己一個
“哈哈哈哈”！

讓你們瞧瞧我
傲人的曲線。

毛毛的肉墊是
巧克力做的。

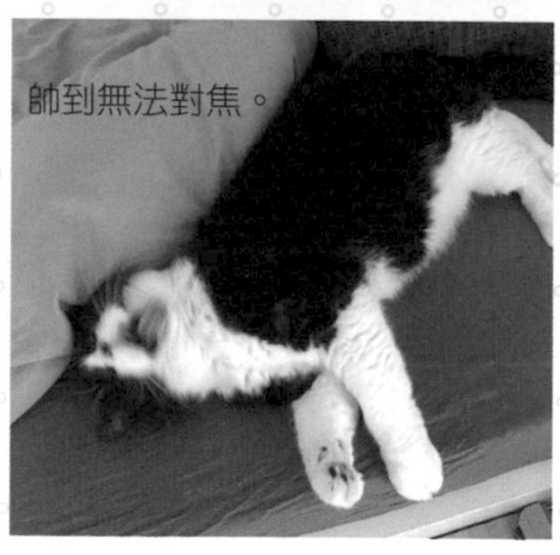
帥到無法對焦。

貓真的不會
落枕嗎？

Maomao is
watching you.

養了貓，我就後悔了

作　　者：有毛 UMao 團隊 編 / 小孩儿 繪
企劃編輯：王建賀
文字編輯：王雅雯
設計裝幀：張寶莉
發 行 人：廖文良

發 行 所：碁峰資訊股份有限公司
地　　址：台北市南港區三重路 66 號 7 樓之 6
電　　話：(02)2788-2408
傳　　真：(02)8192-4433
網　　站：www.gotop.com.tw
書　　號：ACV045100
版　　次：2022 年 09 月初版
建議售價：NT$300

國家圖書館出版品預行編目資料

養了貓，我就後悔了 / 有毛 UMao 團隊編；李小孩儿繪. -- 初版.
-- 臺北市：碁峰資訊, 2022.09
面；　公分
ISBN 978-626-324-255-5(平裝)
1.CST：貓　2.CST：寵物飼養　3.CST：漫畫
437.364　　111011167

讀者服務

- 感謝您購買碁峰圖書，如果您對本書的內容或表達上有不清楚的地方或其他建議，請至碁峰網站：「聯絡我們」\「圖書問題」留下您所購買之書籍及問題。（請註明購買書籍之書號及書名，以及問題頁數，以便能儘快為您處理）
http://www.gotop.com.tw

- 售後服務僅限書籍本身內容，若是軟、硬體問題，請您直接與軟體廠商聯絡。

- 若於購買書籍後發現有破損、缺頁、裝訂錯誤之問題，請直接將書寄回更換，並註明您的姓名、連絡電話及地址，將有專人與您連絡補寄商品。